写给孩子的自我管理小妙招

树立 正确金钱观

斯塔熊文化 著

U0149423

化学工业出版社

·北京·

图书在版编目（CIP）数据

树立正确金钱观 / 斯塔熊文化著 . —北京：化学工业出版社，2023.11
（写给孩子的自我管理小妙招）
ISBN 978-7-122-44011-2

Ⅰ . ①树… Ⅱ . ①斯… Ⅲ . ①财务管理 - 青少年读物
Ⅳ . ①TS976.15-49

中国国家版本馆 CIP 数据核字（2023）第 153133 号

责任编辑：龙　婧　　　　　　装帧设计：史利平
责任校对：李雨晴

出版发行：化学工业出版社
　　　　　（北京市东城区青年湖南街 13 号　邮政编码 100011）
印　　装：北京新华印刷有限公司
880mm×1230mm　1/32　印张 4½
2024 年 3 月北京第 1 版第 1 次印刷

购书咨询：010-64518888　　　售后服务：010-64518899
网　　址：http://www.cip.com.cn
凡购买本书，如有缺损质量问题，本社销售中心负责调换。

定　　价：39.80 元　　　　　　　　　版权所有　违者必究

写给小读者的话

　　亲爱的小读者，很开心与你见面。我们来看一组漫画吧！看看这一幕幕是不是经常在你的学习和生活中上演呢？

完全没有时间观念，做事没有计划，拖拖拉拉……

房间里总是一团糟……

零花钱总是不够花……

不懂得学习方法，总是事倍功半……

　　我猜，你此刻正发出这样的疑问："我该如何改变这种状态呢？"

　　现在，机会来啦！摆在你面前的这套书，可以帮你——

1. 轻松学会时间管理，做时间的小主人；

2. 克制欲望，懂得珍惜，学会正确用钱，树立正确的金钱观；

3. 学会充满技巧和乐趣的学习方法，能够享受学习，并且学有所得；

4. 破解整理收纳难题，并把这种思维运用到学习和生活的其他方面。

　　说到这里，你是不是心动啦？

　　让我们来做一个约定吧——从读完这本书的那一瞬间开始改变自己！你会惊喜地发现：只要行动起来，就能迈出改变人生的第一步。

　　相信不久后的你，一定能够管理好自己的生活，掌控自己的人生！

目 录

游戏时刻

赚钱

变身金钱管理达人 /73

1

你好，金钱

金钱就像时间一样，
不是取之不尽、用之不竭的。

钱是什么？

交换的需求

在很久很久以前，人们以狩猎和采摘为生，世界上还没有金钱。后来，生产力水平提高，人们除了自己的生活所需，有了剩余的物品，有了不同的社会分工，你有的我没有，我有的你没有，就开始交换，这就是以物易物，比如用一只羊换一把石斧。

我用一只羊换你
的石斧，怎么样？

交换的烦恼

随着社会的发展，人们发现以物易物变得越来越不方便。

比如，今天张三抓了很多鱼，想用一部分鱼去换一张野猪皮，可拥有野猪皮的李四却不想吃鱼，所以张三只能放弃。

后来，张三听说李四想要一个石碗，而王五又想用一个石碗换一些鱼。于是，张三用自己的鱼和王五换了石碗，再抱着石碗去找李四，这才换回了一张野猪皮。

这样的交换实在是太麻烦了！

中间物的出现

后来，人们想到了一个办法，那就是把多数人都接受的一种物品作为交换的中间物。不管想换什么，只需先把自己的物品换成中间物，再拿中间物去交换所需的东西就可以了。

比如，中间物是羊，张三就可以用鱼去换羊，再用羊去换李四的野猪皮。李四有了羊，就可以直接拿羊去找王五换石碗。王五有了羊，也可以随意去换自己想要的东西。

显然，有了中间物，交换变得更容易了。

金钱的出现

在交换的过程中，有些物品因为受到大家的普遍欢迎，就慢慢变成了早期的金钱，比如海贝。

这些海贝就是古代的钱，真漂亮！

海贝就是海里的贝壳，它们小巧坚硬，大小适中，便于携带和保存，也便于计数，还可以做装饰品。另外，对于地处内陆的早期文明来说，海贝不容易获得，非常稀有，用来当作金钱，也就理所当然了。

金钱的演变

随着生产力的发展，商品交易越来越频繁，海贝的数量已经严重不足，于是人们开始用金属来制造钱币。

春秋战国时期，中原地区流行着一种钱币，叫布币。听这名字，你一定以为它是用布做的吧？其实不是，它的制作材料是青铜，是由一种铲类农具演变而来，所以人们又称它为"铲币"。

战国初期，一些拥有较强经济实力的诸侯国开始铸造刀币、蚁鼻钱等多种形态的货币。后来秦始皇统一中国，让全国统一使用"半两"方孔圆钱。这是中国第一次统一钱币，是一个重要的里程碑。

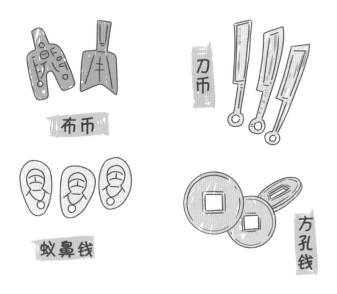

布币

刀币

蚁鼻钱

方孔钱

除了铜制的钱币之外，古人还把金银作为钱使用，这大约是从春秋时期开始的。秦始皇也曾规定，将黄金作为上币。汉朝时，金银的使用也非常广泛，形制多为饼形和马蹄形。

到了北宋时期，一种新的钱币出现了——交子。

交子是用纸做的，是一种存款凭证。不便携带巨款的商人把现金交付给商铺，商铺把存款数额填写在纸上，再交给存款人，这种临时填写存款金额的纸质凭证就被称为交子。后来，由于发行商拮据或破产，导致交子不能兑现，因而被朝廷禁止。

不久后，北宋朝廷正式推出官交子。为了保证交子发行的成功，朝廷还出台了一套比较完善的管理法规和政策。不过，当朝廷需要大量钱财时，总是会利用手中的权力，无限制地发行交子，最终造成通货膨胀，使交子丧失了信用，变成了废纸。

交子是中国最早的纸币，也是世界上最早的纸币。它的出现是金属钱币向纸币的一次重要演变。

当今时代，纸币已经被世界各国普遍使用。大多数国家都有自己的纸币，但它们有一个共同的特点，那就是都依靠国家的信用来发行。

人民币

　　人民币是我们国家的法定货币，代表着国家的财富。人民币的设计、制作、发行的过程相当复杂，制作成本相当高，凝聚着许多人的心血。我们每一个人都要爱护、保护人民币，维护国家尊严和节约国家资源。

随着电子技术和通信手段的进步，电子货币终于面世。你看到过爸爸妈妈的储蓄卡和信用卡吗？它们都属于电子货币，拿着卡就可以凭密码取钱或者消费。

电子货币便于携带，使用时不需要找零钱，而且安全性好，难以伪造，即使被盗也有密码保护，还可以立即挂失，避免损失，因此受到人们的喜欢。

如今，你非常熟悉的手机支付，正是互联网时代一种新型的支付方式，它使电子货币开始普及，也使人们的交易活动变得更加便捷。

认识钱币

需要物品

不同面值的
硬币

不同面值的
纸币

一个纸盒

游戏过程

　　把所有的纸币和硬币都放在纸盒里，随手往外拿出一张纸币或一枚硬币，说出它的面值。

　　和爸爸、妈妈比赛，分别随手往外抓出一把钱，数一数各自抓了多少钱，看谁抓得多。

游戏意义

　　认识不同面值的钱币，理解面值的大小，培养金钱观念。

钱有什么用？

钱可以买东西或服务

钱可以干什么？

这个问题连三岁小孩都难不倒。钱可以用来买东西，超市、商场、网上购物平台……只要是有商品出售的地方，用足够的钱，我们就能把喜欢的东西买回来。不管是玩具飞机，还是宠物、花卉……全部都能买回家。

钱也可以购买服务，比如要去某个地方，只需要用手机软件打车，司机就会开出租车过来接你；家里的电器坏了，需要请人维修，维修师傅就会上门服务；汽车脏了，开到洗车店，就有洗车工帮忙清洗干净……享受这些服务的前提就是必须付钱。

　　有的老人没有子女照顾，或者不愿意给子女添麻烦，就可以雇保姆照顾自己，也可以住进养老院。如果他们在有工作能力时没有存下足够的钱，或者没有按月发放的退休金，又怎么能享受到这些服务呢？

衡量价值高低

除了可以买东西或服务外，钱还可以衡量物品的价值。

当你拿着遥控飞机到公园去玩时，有个小朋友看到了，非常喜欢，想用自己的一袋爆米花跟你换，你同意吗？

也许你是不会同意的，因为一袋爆米花的价值仅一二十元，而一架遥控飞机，可能价值数百元。

当你做出不同意的决定时，时间虽然短暂，但你早已在心里比较过遥控飞机和爆米花的价值，而你衡量它们价值高低的"尺子"，就是钱。

钱可以存储

在原始社会，人们外出捕猎时，如果偶然运气好，猎杀了一头大象，却没有好的储存方法，大象肉很快就会变质。但是现在，人们完全没有这个顾虑，因为金钱是可以存储的。

人们可以把赚到的钱放在家里，或者存到银行里，它不会变质，也不用保养，什么时候消费都可以。

这么多肉，吃不完会坏的。

想用钱的时候再取出来。

钱可以增值

把钱放在家里，钱的数额永远也不会有变化。但是如果把钱存到银行里，就会产生利息。所以，钱还可以增值，给人们带来收益。

有的人会用钱投资，做生意，或者购买收藏品，这样钱就会像生物一样自然生长。所以，有的人赚的钱就会越来越多。一个人要想赚更多的钱，不仅需要付出劳动，节约开支，还需要开动脑筋，让钱增值。

请注意：投资也是有风险的！

投资不是一夜暴富

投资理财是为了让人们实现更好的生活目标和生活理想，规划资金，更好地使用资金，不是让人们做一夜暴富的白日梦。

孩子说：钱是花不完的！

钱从哪里来

你看到过爸爸、妈妈从自动取款机取钱吗？只需要插入银行卡，输入密码和金额，机器就会自动"吐"出一沓钱。

你看到过爸爸、妈妈用手机支付吗？只需要把手机付款码对着收银台的机器一展示，或者扫描商家的收款二维码，输入金额和密码，就可以完成付账。

你看到过爸爸、妈妈在网上购物吗？只需要把选购的商品放进购物车，然后输入密码就可以付账。过几天，购买的商品就由快递员送到家门口了。

　　你有没有一种感觉，爸爸、妈妈的钱好像是永远花不完的？

　　这当然是不可能的！

　　爸爸、妈妈的钱是有限的，他们并不能肆无忌惮地消费，如果这个月开支过大，可能下个月的生活费就会减少很多。这么说吧：如果爸爸、妈妈给我们买了一辆自行车，他们就可能会少买一件衣服。

　　你应该明白：爸爸、妈妈的钱，可以给我们花，但是不能被胡乱挥霍，因为它来之不易。

钱的获取途径

你是不是想问：爸爸、妈妈的钱是从哪里来的呢？

如果他们是上班族，钱就是单位发给他们的工资、奖金；如果他们是农民，钱就是出售农产品的所得；如果他们是商人，钱就是出售商品赚取的利润……总之，他们的钱是劳动所得。

在我们买玩具的时候，在我们去游乐场玩耍的时候，爸爸、妈妈的每一次付账，花掉的都是他们付出劳动所换来的钱。

在明白爸爸、妈妈赚钱的艰辛后，我们应该学会理解他们，珍惜金钱，不把钱花在没有意义的事情上。

钱对我很重要

钱是生存的基础

如果没有钱，我们能够生存下去吗？能？不能？先不要急着回答，我们一起思考一下吧！

在城市里生活的人，日常所需要的大米、面粉、蔬菜、水果、肉类、零食等生活物资，都需要去市场上购买。

在农村生活的人，虽然能自己种植农作物，但在农业生产中所需要的种子、农药、肥料、农具等生产资料，还有衣服、裤子、鞋子、锅碗瓢盆等生活资料，也同样需要购买。

看到这里，你发现了什么？没错！对于现代人来说，金钱是我们生存的基础。

钱是幸福的助力剂

在这个世界上，每个人都想过上幸福的生活，但是你知道幸福是什么吗？

相信在每个人的心中，都有一个属于自己的答案。对于你来说，幸福可能是和爸爸、妈妈一起去旅游，或者收到喜欢的礼物。

在安徒生的童话《卖火柴的小女孩》中，饥寒交迫的小女孩想要的幸福是卖掉她的火柴，吃上一顿饱饭，穿上暖和的衣服。

我们不难看出，在追寻幸福的路上，钱是必不可少的助力剂。

卖火柴的小女孩

我多么希望能吃一顿饱饭啊！

钱是对生命的保护

　　人的生命是最宝贵的，而健康则是生命的保障。要想保持健康，就不可避免地要用到钱。

　　比如去做体检，对身体进行科学合理的养护，或者生了病，去医院检查、开药、住院、做手术，都要花费一定的钱。

　　的确，钱可以让人们享受医疗服务，保障生命健康。

钱是工作的动力之一

社会要维持正常运转，需要各行各业的人坚持工作，而促使人们长期不停工作的动力之一，就是金钱。

只有付出劳动和心血，人们才能得到相应的报酬，继而更好地生存下去。

同时，我们还要懂得，一个人的能力越强，贡献就越大，所得到的回报也就越多。相反，一个人的能力越弱，贡献就越小，所得到的回报也就越少。因此，我们要努力学习，提高自己的能力。

买 东 西

需要物品

一些玩具　　　一些零食　　　一些零钱

游戏过程

　　自己扮演售货员，给各种玩具和零食分别贴上标签，然后开始售卖。

　　爸爸、妈妈可以扮演顾客，前来购买玩具和零食。他们付钱后，给他们找零钱。

　　最后计算自己一共挣了多少钱。

游戏意义

　　熟悉买东西的流程，知道不同的商品有不同的价格，具备初步的消费常识。

钱是万能的吗？

钱买不到时间

　　金钱固然重要，人们的衣食住行样样都离不开钱，但拥有了金钱，并不等于拥有了一切。在这个世界上，还有很多金钱买不到的东西。

　　时间不停流逝，无论是穷人还是富人，都无力阻止。如果一个人把人生的每一分钟都用来追求金钱，等到人生迟暮，才发现还有很多事情想去做，很多地方想去看……但一切都为时已晚。所以，人有追求金钱的必要，但还是要把一些时间花在自己认为有意义的事情上。

　　　　钱不是生活的全部，也不是生活的目的，只是生活的一个工具而已，并不是什么事情都可以用钱来代替和衡量。

24

钱买不到亲情

来到这个世界后，你就有了父母、祖父母等亲人，有的人还有兄弟姐妹。你和他们之间，存在着血脉之情，有着真诚的爱和关心，这就是亲情。

比如，当你身体不舒服要去医院看病时，爸爸、妈妈会担心费用太高吗？当你因为学习需要购买文具时，爸爸、妈妈会因为不舍得而反对吗？

亲情是真挚的，是无法用金钱来衡量的。

钱买不到朋友

除了亲人以外，你还有自己的朋友。在漫漫人生路上，朋友是可以彼此相扶、相伴的人。他们会在你烦闷时，送上绵绵心语；在你寂寞时，送上耐心陪伴；在你快乐时，跟你一起分享；在你骄傲时，浇上一盆善意的凉水，使你不忘初心。

朋友相处是相互认可、相互欣赏、相互感知的过程。他们身上的每一点可贵之处，都值得你学习，使你终身受益。

这样的朋友，只有用真心去对待，才能结交到。如果你拿出一沓钱，想要去买一个这样的朋友，是根本不可能的。

钱买不到健康

无论多么富有的人，如果患了某种疾病，虽然可以花钱帮助控制病情，但这已经是他能做的全部。在致命的疾病面前，就算是世界首富也无可奈何。

请记住：健康就是财富！

如果为了赚钱，损害了身体健康，就有些得不偿失。有的人为了赚钱，夜以继日地工作，最后甚至猝死在工作岗位上。有的人认为自己年轻力壮，就肆意熬夜，忽视健康。一旦身体承受不住，最后也必将后悔莫及。

总而言之，在这个世界上，有很多东西都是无价的，是不能用金钱来衡量和购买的。所以，你需要理性对待金钱。

读一读下面的金钱歌谣吧：

金钱可以买来房子，但买不来幸福；

金钱可以买来玩具，但买不来快乐；

金钱可以买来礼物，但买不来友谊；

金钱可以买来药品，但买不来健康；

金钱可以买来书籍，但买不来智慧；

……

你还可以写出哪些呢？开动脑筋想一想吧！

钱虽然很重要，但也要理性对待哟！

父母在引导孩子时，要肯定孩子对金钱重要性的认识，不能因为金钱有其本身的局限性，就以偏概全地否定金钱。

我要做金钱的主人

君子爱财，取之有道

"君子爱财，取之有道"这句话是中国劳动人民智慧的结晶。

在取财和用财的"道"和"度"上，可以分辨出一个人道德品质的高低。我们要合理合法地赚钱和花钱，凡是通过违法犯罪获得金钱的人，都会受到法律的制裁。

钱是用来花的

著名思想家培根说过：

"金钱好比肥料，如不撒入田中，那它本身并无用处。"

"金钱是个好仆人，但在某种场合也会变成恶主人。"

这两句话的意思是说，如果你不懂得管理和使用金钱，它迟早会给你带来噩运。

如果一个人只懂得赚钱，却不懂得如何花钱，那他就会成为一个"守财奴"。只有学会合理使用金钱，把它花在得当的地方，让它发挥价值，才是赚钱的意义所在。

对花钱要有计划

现在社会上很多人对花钱没有计划，每月工资到账后，就盲目消费，铺张浪费，结果变成了"月光族"。

俗话说："吃不穷喝不穷，算计不到就受穷。"没有存款，对花钱又没有计划的人，就会经常陷入没有钱可以花的困境。

为了避免这种困扰，我们每个人都应该学会有计划地存钱、花钱。

不要和别人攀比

毋庸置疑，我们每个人都有虚荣心。它与生俱来，如影随形。在消费的过程中，我们会因为虚荣心走入攀比的误区，喜欢通过物质来展现自己的实力。而在拥有这些物质的时候，会萌生错误的消费观和人生观。

我们会错误地把物质的拥有与对幸福的获得挂钩，这种心态会严重侵蚀我们的金钱观，以致对物欲过分追求。

不仅如此，和别人攀比，还会滋生嫉妒之心，甚至产生自卑和仇富心理。这样的消极思想，必然会给我们的生活、学习及身心发展带来负面影响。

每天要花多少钱?

需要物品

一张白纸　　　一支笔

游戏过程

向爸爸、妈妈询问每天的开销,从早上起床后开始,将每一项都写在纸上,包括餐费、交通费、电费、燃气费等,然后计算整个家庭每天和每月的开销一共需要多少钱。

游戏意义

了解家庭的日常开支,知道钱对家庭生活的重要性,体谅爸爸、妈妈的辛苦。

2

全都与钱有关

钱和经济发展息息相关，
它是经济运转的润滑剂。

钱对社会很重要

钱可以促进生产

因为人天生就有"追求更好"的本性，所以人的欲望是无限的。为了追求更好的生活，凡是能储存的有价值的东西，人都想得到更多。这种追求更好生活的欲望，并没有什么不对，反而能促进社会的进步。

只要你好好读书就没问题。

我还想要遥控汽车。

对当今社会而言，钱是非常值得拥有的东西。为了赚钱，人们就要不停地参加劳动，从而促进生产。这样，社会就能产生更多的物质和财富，人们也能买到更多的商品和服务。

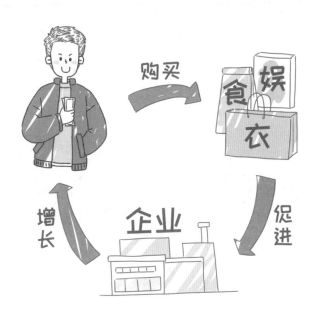

钱促进了生产，会让企业得到更多利润，利润增加又会使劳动者的收入提升。劳动者赚的钱多了，用来消费的钱自然也多了。消费的提升又会再次促进生产，由此形成良性循环，促进整个社会的财富创造和经济发展。

钱可以促进交换

在商品品种繁多的情况下，如果没有钱，人们就只能采取原始的以物易物的方式进行交换。想象一下，这样的结果是什么？

你如果去过超市，就应该很清楚，一个大型超市，往往有几万种甚至十几万种商品。在没有钱用于交换的情况下，这些商品的生产者怎样才能用自己的商品交换到自己想要的其他商品？

以物易物

以物易物在现代社会是不可行的。

交易物

以物易物的交换方式会耗费大量的人力和物力，还会无限延长交易时间，阻碍社会经济的发展。

有了钱作为媒介，商品交易将变得无比简单。只要你拿着钱，看中什么商品，就可以立刻成交。

这样一来，市场交易活动将会变得无比活跃，而整个社会的资源也会最终实现更加合理的配置。

钱可以调节控制经济运行

钱是一个国家经济能够正常运行的重要工具。

你应该明白，钱是由政府发行的，但发行多少钱，却不是随意确定的。

政府要发行的钱的总额，受发行规律和流通规律制约。简单来说，如果发行的钱太少了，人们手上的钱不够，就会导致通货紧缩；发行得太多了，就会导致通货膨胀。

所谓通货紧缩，就是指政府发行的钱比社会的实际需求少，会导致钱的购买力上升，而物价则会相应下降。

虽然物价下降在一定程度上对人们生活有好处，但从长远来看，却会使生产下降、市场萎缩，企业能赚到的钱越来越少，就会增加失业，人们的收入也会随之下降。

所谓通货膨胀，就是指政府发行的钱比社会的实际需求多，会使钱的购买力下降，而物价则会相应上涨。

通货膨胀直接使钱贬值，如果人们的收入没有变化，生活水平就会下降，造成社会混乱，不利于经济发展。

由此可以看出，钱就是国家调节控制经济运行的工具。

钱会导致很多社会问题

虽然钱对社会的发展有着很重要的作用，对个人的生活也至关重要，但是却有人说"金钱是万恶之源"，这是为什么呢？因为钱会导致很多社会问题。

有的人盲目追求钱，变得贪婪自私，把钱看成世界上最重要的东西，只要到手的钱，绝对舍不得拿出来，哪怕是为亲朋好友花一些，都会心疼半天。这样的人，往往会失去亲情、友情，甚至连健康都会远离他。

为了满足生活需求和提升生活质量，人们日常的开销越来越大，很多人都面临赚钱的压力。每天睁开眼，就要劳动赚钱；每天睡觉前，想的是生计。日复一日，年复一年……

　　长期在赚钱的压力下生活，人的健康必然会出现问题，脱发、失眠、神经衰弱……这些症状在很多人身上都已经出现。如果不懂得化解压力，人就会变得抑郁、焦虑、不满，甚至会觉得生活毫无意义，从而影响正常生活。

　　不同的人赚钱的能力不一样，也会导致贫富差距扩大，从而进一步加深社会各方面的矛盾，比如环境污染、劳动者权益受损等。

人们在日常生活中，还可能因为钱发生纠纷，有和家人之间的纠纷，有和朋友之间的纠纷，有和领导、同事之间的纠纷。如果处理不慎，还可能引发更严重的冲突。

　　为了钱，有人贪污腐化；为了钱，有人违法犯罪……

　　其实，钱并不是万恶之源，万恶之源的本质是人性的贪婪，是人的贪财之心。钱本身是中性的，并没有善恶之分，我们要理性对待。

变化的价格

有时贵有时便宜的鸡蛋

你去超市或市场买过鸡蛋吗？它可是每家每户都需要的生活物资。如果你经常关注鸡蛋的价格就会发现，有时它的售价是一斤 4 块钱，有时却是一斤 6 块钱。

为什么鸡蛋的价格会不停变化呢？

到底是谁在调控它的价格呢？

价值影响价格

从前，法国皇帝拿破仑招待客人时，用的都是非常精美的银餐具，可他自己用的却是铝餐具。

你可能会认为拿破仑是个低调朴素的人吧？其实恰恰相反，因为在那个时代，铝的炼制成本非常高，所以铝制餐具的价格极其昂贵，甚至比黄金还贵。

但是到了现在，炼铝的技术突飞猛进，成本大幅降低，铝就变得非常便宜。

所以说，一件商品本身的价值就高，生产成本也高，它在市场上的价格自然也会非常高。

供需关系影响价格

你在中秋节前买过月饼吗？即使没有亲自买过，你也一定看到过超市的月饼标价吧？中秋节前，售价几百块一盒的月饼，中秋节过后，就会立刻打折甩卖。

月饼的价格大幅跳水，原因就是人们对月饼的需求下降了，而市场上的月饼太多，商家只好降价甩卖。

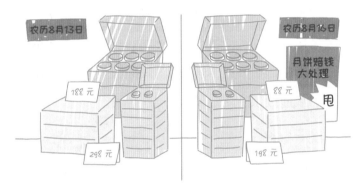

这就说明：**供需关系会影响商品的价格**。

就如前面提到的鸡蛋，如果市场上有1万个鸡蛋，正好能满足人们的需求，鸡蛋的价格是5元一斤。现在由于天气炎热，鸡下的蛋少了，那市场上的鸡蛋就不能满足人们的需求，那鸡蛋的价格就会涨到5元以上了。如果有新的鸡场开始产蛋，市场上的鸡蛋供应大于人们的需求，那鸡蛋的价格又会下降到5元以下了。

这就是我们常说的：物以稀为贵。

47

其他影响价格的因素

除了商品的价值和供需关系外，还有其他一些因素也会影响商品的价格。

比如，有的生产者、经营者恶意囤积商品，减少市场供应，从而哄抬价格；或者有的生产者为了抢占市场，打击竞争对手，故意低价倾销，这都会影响商品的价格。

有时候，政府发现某些商品的价格不合理，就会采取调控措施，也会影响商品的价格。比如，猪肉价格过高时，会影响人们的正常生活，政府就会向市场投放储备猪肉，从而使其价格下降。

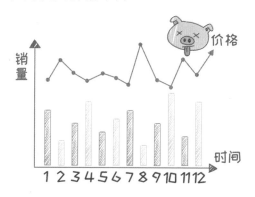

还有前面提到过的，当发生通货紧缩或通货膨胀时，商品的价格也会发生变化。

总之，商品的价格不是一成不变的，它会根据市场的情况产生波动。

价格等于品质吗？

贵的未必更好

你有没有去超市或便利店买过东西？比如你要买一条毛巾，发现货架上摆放着很多种毛巾，它们的大小、图案可能都不一样，价格也不一样。那你会选哪一条呢？

有的人会说："我选便宜的那条，因为可以省钱。"

有的人则说："我选贵的那条，因为妈妈说过，便宜没好货。"

真的是便宜没好货吗？

虽然说质量更好的商品，一般价格都更高，但有时候好货也可能很便宜。比如，某些商品刚刚上市时，为了打开销路，扩大知名度，经常会打折促销。虽然价格便宜，但质量却并不差。

当然，也有一些商品刚刚上市时定价非常昂贵，利用消费者的求新心理，先赚一部分利润，再根据实际情况，慢慢把价格降下来。虽然价格在不断降低，但商品的质量却没有变化。

这说明，好货照样可以是便宜的。商品的价格并不绝对取决于它的质量本身，还和很多其他因素有关。

考虑性价比

购买商品时，不论是买价格昂贵的，还是买价格低廉的，人们始终都不会忽视一个问题，那就是商品的质量。

比如，超市的蔬菜、水果往往比菜市场贵，但是人们不管在超市买，还是在菜市场买，都会仔细挑选，选择自己认为最好的商品。

不过，每个人的家庭情况都不一样，在购买商品时，会在考虑质量的前提下，从中选择一个价位适当的，这就是性价比。

同样的商品，在不同的超市、便利店或网上平台的定价都有区别，优惠力度也不一样，所以买东西时可以货比三家。

不要过分追求名牌

在市场繁荣的情况下，不管购买什么商品，都有多种选择。在众多品牌中，就有一些非常知名的，甚至是国际名牌。当然，它们的价格也不一样。知名度越高的，往往价格越昂贵。

许多人为了满足虚荣心，在购买商品时根本不在乎质量，只在乎品牌，甚至有的人非名牌不穿，或者只穿外国名牌，这样都是不对的。

我们在满足自己需求的情况下，还要考虑家庭的经济情况。在家庭收入并不高的情况下，如果买任何商品都过分追求名牌，就会给家庭带来极大的压力，给父母增添负担。所以，你知道应该怎么做了吗？

猜价格

需要物品

一把蔬菜　　　一盒饼干　　　一瓶饮料

游戏过程

爸爸、妈妈从超市买回这些商品后，将购物小票遮上。

让孩子分别猜这三样商品的价格。说出金额后，就翻开小票对比，看自己猜测的价格与实际价格相差多少。

游戏意义

培养金钱观念，知道各种商品的合理价格是多少，从而树立节约金钱的意识。

世界上最大的"存钱罐"——银行

把钱存到银行去

你有自己的存钱罐吗？每当有零钱时，就存到里面，时间一久，就能攒下一个"小金库"。

不仅儿童有存钱罐，大人们也有自己的"存钱罐"，那就是银行。

他们把钱存在银行，就叫作存款，这样不仅取用方便，而且更安全。需要用现金时，只要找个自动取款机，插入银行卡，输入密码就可以取出现金。万一不小心把银行卡丢了，怎么办呢？别担心，别人捡到后，由于不知道密码，也无法取出账户里的钱。

银行是这样运作的

大人们把钱存到银行其实还有一个原因，那就是可以获得银行的利息。

银行替人们保管钱，还给人们利息，这是为什么呢？银行不会亏本吗？

原来，当人们把钱存入银行后，银行又会把这些钱借给其他有需要的人。过一段时间之后，银行会收回借出去的钱，同时要求那些借钱的人支付利息，也就是贷款利息。当然，贷款利息要比存款利息高一些，这样银行就会赚到中间的差价，也就有钱付给当初存钱的人了。

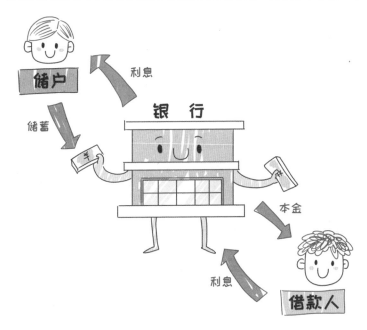

银行可以促进经济发展

可不要小看银行这个大"存钱罐"哟。因为它可以将社会上闲散的钱集中起来，提供给需要钱的企业，让企业运转起来，生产出产品，再满足社会需求，同时还能赚取利润。

比如，有个老板想开一家便利店，那他就要租房子、装修，还要请营业员，给其发工资。等到店里的商品卖出去以后，老板就可以赚到钱。但是前面这些准备工作，是在没赚钱时就要花出去的。

老板算了算账，发现自己的本钱不够，于是就去找银行贷款。和银行商量好贷款 100 万元，等生意赚钱了，再还银行 110 万元。就这样，老板拿到钱后，把便利店开了起来。营业员领到了工资，银行也赚了 10 万元钱，在银行存款的其他人也拿到了利息，皆大欢喜。

银行可以保管贵重物品

从中世纪开始，银行就已经有了一种新服务，那就是为顾客保管黄金、债券等贵重物品，它们一般都被放在保险柜中。

有趣的是，银行会给顾客签发一种收据，它常常像钱一样用来流通，这就是现代支票和信用卡的开端。

如今，一般的银行都可以提供保管箱业务，可以让市民存放金银珠宝、文物珍品和重要资料等。寄存物品时，市民只要携带有效证件去银行签订协议即可，手续十分简便。

57

银行可以兑换钱

对于普通人来说，去银行除了存款和取钱外，还有一件常做的事，那就是兑换钱。

兑换钱，指的是可以将大面额的钱换成小面额的钱，或者将小面额的钱换成大面额的钱，也可以把旧钱换成新钱，或者把有破损的钱换成新钱。你也许还不知道，这都是免费的哟！

除此以外，人们还可以在银行把一个国家的钱换成另一个国家的钱。比如，可以把人民币换成美元，或者日元。当然，这种服务也是免费的，不过银行在兑换时，会存在价差。

比如，当人民币和美元的兑换比率是 1∶7 时，按理说我们到银行去，可以用 7 元人民币换到 1 美元，或者用 1 美元换到 7 元人民币。不过，由于银行存在价差，我们想要换到 1 美元，就要支付 7 元多人民币；而我们用 1 美元，也换不到 7 元人民币，这也是银行盈利的一种方式。

来存钱吧！

需要物品

一个纸箱

一支笔

一沓白纸

游戏过程

自己扮演银行柜员，让爸爸、妈妈前来存款。

每收到一笔存款，就用笔在纸上写下存款人的姓名、存款金额和日期，并签上自己的名字。

等爸爸、妈妈都分别存了几笔钱后，再统计所有的存款金额。

游戏意义

了解到银行存钱的过程，知道存钱的重要意义，并循序渐进地学习理财知识。

借钱是怎么回事？

借钱的心态

当今社会，很多人在生活中都有可能遇到难处，借钱就成了无法避免的问题。

所谓借钱，就是一个人把自己的钱借给另一个人，等他有钱以后再还回来。

你向别人借过钱吗？你借过钱给别人吗？如果你有过这种经验，就很容易理解借钱时双方的心态。

开口借钱的人，很怕对方不肯借给自己，因为那样自己的麻烦就不能得到解决。可是被借钱的人却担心，借钱的人会不会按时归还。

借钱，从古到今似乎都是一件很尴尬的事。不到万不得已，很多人根本不会去借钱。

向别人借钱，不仅会欠下债，还会欠人情，有的还要给利息。所以，古人说"无债一身轻"，在现代社会也是大多数人最理想的状态。

借钱借的是信任

在日常生活中，人们免不了有互相借钱的时候。比如你的爸爸、妈妈，可能也曾遇到过有人找他们借钱的情况。但是你应该会发现，并不是谁来借钱，他们都会答应的，这是为什么呢？

当朋友遇到困难时，适当施以援手是可以的。如果朋友坚守承诺，到了约定时间主动还钱，那就皆大欢喜了。

但是却有这样一些人，总是不遵守诺言，到了约定的时间，不但不主动还钱，还会找各种理由推脱搪塞，甚至还会说出一些令人伤心的话，使朋友之间的感情大打折扣。

所以，借钱其实借的是信任。一个人把钱借给对方，就是选择了信任对方。如果对方不按时还钱，甚至拒绝还钱，那他将会失去自己的无价资产——诚信。

信用卡

如果人们想要消费，却没有钱，也不想跟亲朋好友借钱，有没有办法呢？有，那就是刷信用卡。

你听说过信用卡吗？你也许见爸爸、妈妈使用过吧？信用卡就是银行提供给人们的一种先消费后还款的卡。

比如，爸爸有一张 1 万元额度的信用卡，就相当于银行给了他 1 万元的借钱权利，他可以在自己没钱时，以刷信用卡的方式买回 1 万元以内的东西。等下个月有钱了，再把钱还给银行。

信用卡为资金短缺的人提供了帮助，受到人们的广泛欢迎。不过，如果花钱时没有计划，在还款时没有钱还给银行，那就会给自己带来很大的麻烦。

发行信用卡

需要物品

一张纸牌　　　一支笔　　　一张白纸

游戏过程

在纸牌上写上"信用卡"，把它发给爸爸或妈妈，让他们用信用卡虚拟购物。

每次虚拟购物结束后，用笔在纸上记下消费的金额。在数十次虚拟购物后，计算信用卡的消费总金额，然后告诉他们下个月应该还多少钱。

游戏意义

了解信用卡的消费和还款过程，培养对经济负担的理解。

证券交易所——巨大的交易市场

股票

你听说过股票吗？也许你已经从爸爸、妈妈口中听说过这个词了吧？

所谓股票，就是股份公司发行的一种所有权凭证，拥有者被称为股东。在公司赚钱后，如果要分配利润，持有股票的股东就可以按比例拿到自己的一份。

公司盈利，股东就有分红。

举个简单的例子：有一家生产豆腐的公司，老板经营得还不错，想要扩大规模，但是资金不足，于是就发行了自己公司的股票。如果你觉得这家公司将来会赚钱，就可以用钱买下一些股票，成为公司的股东。等以后公司赚了钱，就可以按照持有股票的份数分到分红了。

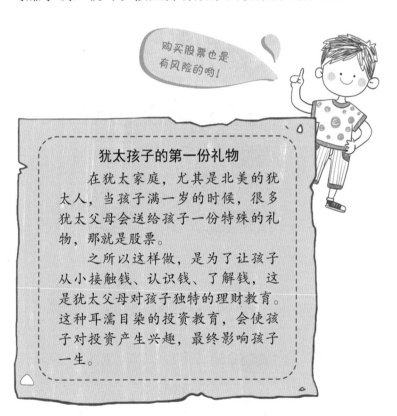

购买股票也是有风险的哟！

犹太孩子的第一份礼物

在犹太家庭，尤其是北美的犹太人，当孩子满一岁的时候，很多犹太父母会送给孩子一份特殊的礼物，那就是股票。

之所以这样做，是为了让孩子从小接触钱、认识钱、了解钱，这是犹太父母对孩子独特的理财教育。这种耳濡目染的投资教育，会使孩子对投资产生兴趣，最终影响孩子一生。

并不神秘的证券交易所

发行股票说起来容易，但操作起来却是非常复杂的，因为想要发行股票的公司太多，要对它们的资质进行审核、管理等，工作量非常大，所以国家就专门设立了一个单位来办理这些事，这就是证券交易所。

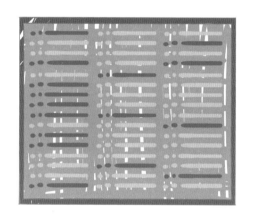

俗话说："没有规矩，不成方圆。"证券交易所建立以后，制定了许多公平的规则，对上市公司发行股票和股民买卖股票都进行了严格管理，以便让股市得到更健康的发展。

股票买卖

股民可以买卖股票吗？

没错，如果有人想持有一家公司的股票，只需要在股市直接买入就可以了。

在股市，股票成了一种商品，有自己的价格。如果有很多人买入这家公司的股票，那么它的股价就会上涨。等价格上涨到一定程度，有很多人可能会觉得它的价值被高估了，又会在股市里将它卖出，这样又会导致股价下跌。

这种股票的买卖，也是通过证券交易所进行的。

券商的服务

证券交易所设有交易大厅，但普通人是不能进入大厅进行交易的，因为那里没有足够大的空间容纳所有买卖股票的人。而且，全国各地的股民要赶到证券交易所才能交易，也非常不方便、不现实。

既然所有股票都要在证券交易所买卖，但买卖股票的人又不能进入交易大厅，这就需要有一些"中间人"——证券公司，也就是俗称的"券商"。

普通人要想买股票，必须先去证券公司开一个证券账户。简单来说，券商就像是证券交易所和股民之间的中介，为股民买卖股票提供一系列服务，并从中收取佣金。

股票交易开户窗口

我要开户买点股票。

模拟炒股

需要物品

一台电脑

一支笔

一张白纸

游戏过程

用电脑查看当前全国上市公司的股价，从中随意找出三家企业。

用笔记下这三只股票的当前价格，并写下自己打算买的数量，模拟买入股票。

过一个星期后，再查询股价，计算自己是否盈利。

游戏意义

锻炼金融投资思维，了解股票投资可以赚钱，也要承担相应的风险。

3

变身金钱管理达人

金钱并不难获得，
但管理金钱却不是人人都会。

珍惜每一分钱

勤俭节约是中华民族的优良传统

从古至今，中国人都崇尚勤俭节约，这是一种生活态度，也是中华民族的传统美德，还体现着对自身劳动和他人劳动的尊重。

浪费粮食是可耻的。

从尧、舜、禹时代开始，历史上就有关于中华民族勤俭节约的记载。"谁知盘中餐，粒粒皆辛苦""一粥一饭，当思来处不易；半丝半缕，恒念物力维艰""历览前贤国与家，成由勤俭破由奢"……这些古人留下的名言，你是不是倒背如流？

历史上，汉朝的汉文帝继位后，决定实行休养生息的策略，而汉景帝则是他的追随者以及继承者，他们在位期间，史称"文景之治"。当时的政策核心就是在节俭的基础上发展农业、商业，最终提高整个国家的经济发展水平。

那么，怎样才能做到勤俭节约呢？这就需要我们与自己日益膨胀的虚荣心、无穷无尽的物质欲望做斗争。

节俭和吝啬是两个不同的概念哟！

不做"守财奴"

节约每一分钱，并不是让我们去过艰苦的日子，也不是要培养守财奴式的孩子，而是要把节约下来的每一分钱都花在刀刃上。

世界勤俭日

2006年，联合国确立每年10月31日为世界勤俭日。设立这个节日的目的是号召人们勤俭节约以共同应对越来越严重的资源危机，进而促进社会的健康可持续发展。

你知道吗？现在全世界人口已经超过了80亿。看到这个巨大的数字时，你是不是会发出疑问："地球能养活这么多人吗？"

众多的人口，对粮食的消耗量是巨大的。许多国家已经出现煤炭、石油、天然气、淡水等资源短缺现象。为了全人类的长期发展，我们必须做到勤俭节约。

爸爸、妈妈可是我们的榜样哟！

父母要以身作则

生活在什么样的家庭，孩子就会养成什么样的生活习惯。如果父母在生活中能够做到不浪费一丝一毫，孩子耳濡目染，自然可以做到勤俭节约。

节约水、电、气

在日常生活中，我们有很多办法可以节约水、电、气。

比如，淘米的水可以留起来，作为清洗蔬菜水果的第一遍用水。这样既可以节约用水，同时，由于淘米水中有淀粉等物质，还有助于洗净果蔬上的尘污，清除蔬果上的农药残留。

清洗完果蔬的淘米水，又可以用来浇灌花草树木，既滋润了它们，又给它们补充了养分。

房间没人时，要随手关灯；为手机、平板电脑等电器充电后，要及时拔掉充电器；夏天开空调时，不要低于 26℃……这些做法，都可以大大节约电量。

　　在炒菜、炖菜还有煲汤时，如果盖上锅盖，可以防止热气从锅里散发出来，菜可以熟得更快，味道也更鲜美。当然，最重要的是，这样做可以减少燃气的使用量。

炒菜时盖上锅盖是一个节约小妙招哦！

多乘坐公共交通工具

日常外出时，你喜欢乘坐公交车、地铁吗？

绿色出行有利于环境保护！

随着社会经济的发展，越来越多的家庭购买了私家车。开车外出确实很便捷，但是这样会消耗很多汽油或电量，还会污染环境。

如果没有急事，外出应该多乘坐公交车、地铁等公共交通工具。在距离合适的情况下，尽可能选择步行、骑自行车等出行方式，这样既可以减少汽车尾气排放对大气环境的影响，节约能源，还能锻炼身体。

另外，我们在日常生活中，还有很多节约的方法。比如牙膏、洗发水，一定要把里面残余的部分用完；到超市购物时，自己带购物袋或购物篮；买衣服时，不要追求名牌，多逛逛市场，可能会买到物美价廉的衣服。

　　你家中经常会扔掉各种纸箱、空饮料瓶吗？你可以将它们全部收集整理好，隔一段时间就拿到废品收购站，既环保又增加一笔收入，何乐而不为呢？

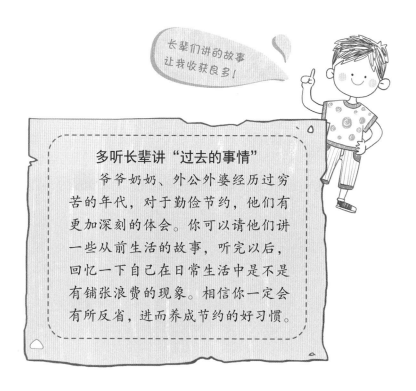

长辈们讲的故事让我收获良多！

多听长辈讲"过去的事情"

　　爷爷奶奶、外公外婆经历过穷苦的年代，对于勤俭节约，他们有更加深刻的体会。你可以请他们讲一些从前生活的故事，听完以后，回忆一下自己在日常生活中是不是有铺张浪费的现象。相信你一定会有所反省，进而养成节约的好习惯。

养成存钱的好习惯

存钱是有必要的

储蓄，也就是存钱。存钱对每一个人来说都是非常重要的事。

相信你也曾存过零花钱，当你把零花钱放进存钱罐里，或者放进钱包里时，心里一定是无比喜悦和满足的吧？

也许有的同学会说："反正爸爸、妈妈给的钱，花完了还可以再要，不需要存钱啊！"

但是你要知道，总有一天你会长大，要赚钱养活自己，必然要具备管理金钱的能力。所以，养成存钱的习惯可以从现在开始。

养成预算收支观念

存钱，对于很多人来说都是很困难的，尤其是一开始的时候。他们经常说的话就是："存钱？开什么玩笑？我的钱压根儿就不够花。"

钱太少了，
怎么存啊？

确实，没钱可花、钱不够花、不知道钱花到哪里去了，是很多人经常遇到的问题。归根结底，是因为他们没有预算收支的观念。

人们常说："有多少钱，做多少事。"不管你想买什么，都要做好预算。只有知道自己有多少收入，才能决定花销的尺度。

比如，下个星期你要买一个笔记本，但现在你想买一盒糖果。如果既买糖果又买笔记本，那钱就不够用了。你应该怎么办呢？

很显然，买笔记本比买糖果重要得多，所以你必须放弃买糖果，把钱先存着，等到下个星期再用来买笔记本。

所以，你需要学会预算收支，在买东西之前，再仔细考虑一下。

坚持记账

有一个办法能帮助你存钱，那就是记账。

每收入一笔钱，或者花掉一笔钱，你都记在笔记本上。这样，每周或者每个月回头看看自己的账单，总结一下哪些钱必须花，哪些钱不该花。你可能会发现，每天少吃一颗糖，一个月下来也能节约不少钱。

请注意：**记账不是重点，复盘总结才是重点**。只有经常回顾自己的账单，看看有没有不必要的浪费，有没有可以不买的东西，这样才能在以后改进，从而节约开销。

当你算清楚自己每个月的花销后，适当留出一些零花钱，就可以规划自己每个月存多少钱。不管是几块钱还是几十块钱，只要慢慢积累，就会越来越多。

找到存钱的乐趣

有人说:"钱是用来花的,只有花钱才有乐趣,所以我就喜欢逛街购物。"

其实,存钱也是有乐趣的。

已经攒下不少钱了!

购物享受的是付钱后拿到想要的商品的快乐,而存钱享受的是没有花钱,把钱攒起来,用于以后购买更需要的商品的快乐。

你应该还不知道,存钱也是会上瘾的。当你发现自己的钱越来越多,本身就是一件非常愉快的事情,这会让你在以后消费的时候都要想一想:"会不会耽误我存钱?"

多想想存钱的好处,并在存钱中找到乐趣,这样你会更容易攒下钱。

选择适合自己的存钱方式

学会使用存钱罐

存钱罐最早的名字叫"扑满"，是我国西汉时期民间创制的一种储蓄工具。

　　你有自己的存钱罐吗？不管是陶瓷的还是塑料的，一般都是上面有个小口，可以把硬币放进去。也有的开口比较大，可以放入钞票。

　　你会用存钱罐存钱吗？你是不是会脱口而出："当然会！"这里说的存钱，不仅仅是把钱放进去，而是让存钱罐真正地帮助你攒出一笔可观的钱。

如果你想真正学会用存钱罐存钱，建议你为自己准备三个存钱罐：第一个存钱罐里的钱，用于日常开销，购买平常需要的"必需品"；第二个存钱罐里的钱，用于短期储蓄，可以用来购买"遥控飞机"等一些贵重的物品；第三个存钱罐里的钱，则是长期存款，每积攒到一定数额，就可以将它存进银行里。

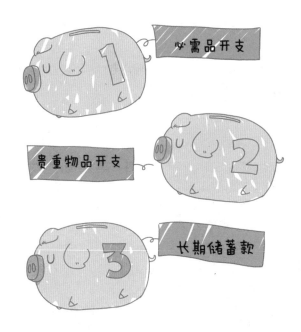

"积少成多，聚沙成塔"，当你养成往存钱罐里存钱的习惯，你就会发现，一段时间后自己会非常有成就感，还可以通过给自己存钱，循序渐进地学习理财呢！

开设储蓄账户

当你的第三个存钱罐里积攒了一笔可观的钱时，你就可以把它存到银行里。

未成年人也可以在银行开一个账户吗？当然，不过，这需要在父母的陪同下进行。

当你把钱存进银行，看着存单或存折上的余额数字时，是不是感觉自己已经长大了？可以像大人一样管理自己的钱了？

现在，你需要再了解一点在银行存钱的基本知识。

在银行存钱，一般有活期、定期和定活两便这三种类型。

开立儿童账户要注意

未成年人开户，中国人民银行有统一规定：居住在中国境内 16 周岁以下的中国公民，应由监护人代理开立个人银行账户，出具监护人的有效身份证件，以及账户使用人的居民身份证或户口簿。如果没有以上两个证件的话，也可提供出生证明办理。

所谓活期，就是期限灵活，钱可以随时取出来用，但是得到的利息非常少。

所谓定期，就是存款有一定的期限，比如三个月、六个月、一年、两年、三年、五年等。存为定期的钱，能获得的利息比较高，但是如果遇到紧急用钱的情况，想从银行把钱取出来，就会被按活期计算利息，这样就不太划算。

所谓定活两便，就是存款的时候并不约定存期，一次性存入，等用钱的时候随时来取，按照钱存了多久计算利息。存期越长，利息越高。在相同金额和相同存期的情况下，定活两便能收到的利息一般多于活期，少于定期。

强制存钱

　　强制存钱就是不管什么时候，只要有了钱，就要强制让自己把其中的一部分存起来。

　　如果一次性得到了 10 元零花钱，把其中 2 元存起来，是不会对生活有很大影响的。

　　这笔钱可以放在第三个存钱罐里，然后你需要做的就是忘记它。

　　别小看每次存入的几元零钱，天长日久，你存下的钱就会越来越多。

滚动存钱法

滚动存钱法是很多人都在使用的，也是一种很好的存钱方法。其做法非常简单，就是每隔一段时间都存下一定数额的钱。

这种方法适用于有固定收入的人，比如爸爸、妈妈每月都会给你一些零花钱，你就可以每次都存下一部分，比如第一个月在银行存一笔 50 元的定期存款，存期为一年。第二个月，你又在银行存了一笔 50 元的定期存款，存期还是一年……

以此类推，等到第 13 个月时，第 1 个月存的一年定期就正好到期了，这个月你就可以把到期的 50 元本金及利息，和新的要存的 50 元凑在一起，再次存一笔一年定期存款。一年又一年，你就会攒下一笔可观的财富。

合理支配压岁钱

压岁钱的归属权

春节期间，走亲访友拜年，对于你来说，最开心的肯定是收压岁钱了。

压岁钱是中国传统年俗文化中独有的一种"仪式"，又叫"压祟钱"，传说用它可以压住邪祟，保佑晚辈平安度过新的一年。

压住邪祟，
健康成长！

压祟钱

祟

发压岁钱传递出的是一种亲情，既增进了人们之间的感情，也烘托了过年的喜乐氛围。

你今年收到了多少压岁钱？相信或多或少总有一些吧？

很多父母认为：孩子的压岁钱应该上交，因为孩子不明白钱的价值，不懂得如何使用金钱。在学习了这么多钱的知识后，相信你现在已经可以肯定地告诉爸爸、妈妈："我的压岁钱属于我自己，而且我也有能力将它管理好。"

我的压岁钱，我做主！

父母要注意

父母不要完全剥夺孩子对压岁钱的使用权，没收孩子的压岁钱对培养孩子正确的金钱观起不到任何正面的教育作用。事实上，压岁钱是启迪孩子财商、培养孩子正确的金钱观的有效教育工具。

压岁钱如何保管

你打算怎么保管压岁钱呢？

首先，就是要将其中的一部分存起来。没错，前面你已经了解了，不管有多少钱的收入，都必须存一部分，更何况是压岁钱这样的"巨款"。

你可以将一部分压岁钱分别放进三个存钱罐里，如果第三个存钱罐的数额已经很可观，那就去银行存起来。

另外，银行也有一些理财产品，你可以请父母帮忙看看，如果有合适的，也可以买一些，通过一些理财产品往往可以获得比较可观的收益。当然，这是有一定风险的。

花钱的大致计划

前两个存钱罐里的压岁钱，是准备用来花的。至于怎么花，你需要给自己做一个计划。

一般来说，大致有以下几个用途。

给长辈送礼物：用自己的压岁钱买一些礼物送给长辈，感谢长辈平常对自己的关爱，增进亲人间相互关爱的情感。

要懂得回报亲情

我们要懂得回报亲情，在日常生活中，要懂得如何去关心与体贴亲人。这样做会使我们对金钱的使用有一个更加全面正确的认识，也会对我们的未来产生积极的影响。

亲情就是一家人相互关心！

购买自己的生活用品：自己的生活用品平常都是爸爸、妈妈买的，比如牙膏、牙刷、毛巾等，现在可以自己去购买，还能挑选自己喜欢的样式、口味等。

购买书、杂志等：一方面可以开阔眼界，增长见识；另一方面还可以养成爱学习的好习惯。

交学费：如果压岁钱足够多的话，可以去学习乐器、绘画之类的艺术课程，提高自己的专业技能。

捐献：可以给慈善机构捐一些钱，帮助贫困落后地区的小朋友，培养助人为乐的精神。

零花钱应该怎么花？

零花钱不要随便花

随着年龄的增长，爸爸、妈妈会陆续开始给你一些零花钱，让你在日常生活中使用。除了要存下的那一部分外，其他的零花钱你打算如何花呢？

你可以用零花钱买零食，可以去游乐场，可以买书看……爸爸、妈妈虽然可能不会在意你怎么花零花钱，但如果你不是随随便便花掉，而是把它利用好，就能很好地锻炼理财能力。

花钱应有计划

有的人拿到零花钱时，高兴得手舞足蹈，上午拿到钱，下午就花个精光。

有的人拿到零花钱后，不敢随便花，怕今天花多了，明天没得花，结果一个月过去了，一分钱都没花。

如果你给自己制订一个花钱计划，情况就不一样了。

比如，一个月的零花钱总共是50元，那可以计划大概每个星期花10元。这个星期花完10元以后，就不要再花，等到下个星期时，再花下个星期的10元。

花钱时，也要明确顺序。我们应把日常生活及学习花费放在首位，其次才是用于娱乐和购买零食的花费。

听取爸爸、妈妈的意见

爸爸、妈妈给我们零花钱，让我们自己支配，其实是想让我们学会如何掌控金钱，培养正确的金钱观，为以后走向社会成为独立自主的人打下坚实的基础。虽然我们可以自由自在地花零花钱，但是在购买某些物品时，还是要征求一下父母的意见。

比如，有人喜欢喝饮料，就把零花钱全部用来买饮料。这样花钱不仅浪费，而且对健康不利。如果及时征求父母的意见，这种情况就能避免。

再比如，你看到别人穿了一件漂亮的衣服，觉得很喜欢，就拿上攒了几个月的零花钱，自作主张去服装店买回来，结果爸爸、妈妈发现它并不适合你这个年龄穿，这也是一种浪费。所以，买东西时，多听取爸爸、妈妈的意见是很有必要的。

零花钱也是辛苦钱

你有了零花钱后，是不是发现买东西是一件非常简单的事。但是你有没有想过，这钱是怎么来的呢？

爸爸、妈妈给你的零花钱，都是他们辛辛苦苦工作挣来的。虽然你想买的东西有很多，但是也要适度体谅爸爸、妈妈挣钱的辛苦，不能由着自己的性子，要珍惜来之不易的财富，不要随便浪费。

签订"零花钱合同"

我们可以和父母签订"零花钱合同"。合同里,要白纸黑字地写明每个月零花钱的数额,不仅如此,还要规定一下零花钱的用途、每月存多少零花钱、如果违约如何惩罚等,从而把签订"零花钱合同"变成自我管理、自我约束的好机会。

需要注意的是,合同的内容不要规定得过于死板,要有自己处理突发事件的空间,给自己临时安排的机会。

父母要做到

当孩子提出需要用零花钱进行消费时，对于合理的要求，例如购买学习用具、课外读物等，父母应满足，让孩子自主去购买。这样，不仅可以激发孩子的学习兴趣，还可以培养孩子的独立性。

对于不合理的要求，例如购买对身体无益的零食、重复性玩具等，父母要果断拒绝，并且向孩子讲明拒绝的道理。

我的支出清单

大量采购需要列清单

过年时，你跟着爸爸、妈妈去买过年货吗？

买年货时，人们都会提前计划好买哪些东西。有的人会全部记在脑子里，有的人则会列出一张清单，再按照清单一样一样地买。

你觉得哪种方法更好，买东西时不会遗漏呢？

显然，写一张清单是最简单、最不容易遗漏的做法。

列支出清单并不难

列清单是一个非常好的习惯，可以培养做事情的条理性。一个做事有条理的人，不管是在安排学习还是其他事情时，都会有条不紊。

你现在是不是也想学会列清单？那就从列支出清单开始吧！

前面已经提到，你对零花钱的使用需要有计划，列一个支出清单正好可以帮助你进行计划。

所谓支出清单，就是列出你要花钱的所有内容。比如下周的支出清单，就像下面图中这样：

买铅笔：6元

买胶棒：2元

买口香糖：8元

买玩具飞机：10元

买袜子：10元

有了这个清单，你就可以算出自己一共要花多少钱了。然后，再看看你下周一共有多少零花钱。

一种情况是，你的支出太多了，零花钱根本不够，那你就需要将一些不必要的支出删掉，比如口香糖、玩具飞机等。

另一种情况是，你的零花钱足够安排这些支出，还有剩余。恭喜你，那就既能满足自己的需求，还可以增加一点存款。

有必要时可改动清单

购物的时候，你可能会突然想起来自己有一些重要的东西需要买。就像妈妈在超市里闲逛，看到酱油，才会想起来家里的酱油已经快要用完，然后将它放入购物车。

对你来说也一样，因为人难免有遗忘的时候。当你列完下周的支出清单，去超市或便利店采购时，突然想起来老师要求买一盒水彩笔，应该怎么办呢？

对于这种支出，如果爸爸、妈妈不提供额外的资金，显然你只能临时改动清单，砍掉不重要的支出，才能有钱购买水彩笔。

当然，还有一个办法，那就是动用下周的零花钱，只不过这样可能导致下周无钱可花。

要学会抵御诱惑

当你在超市或便利店购物时，是否也曾有临时想买的东西呢？

比如，本来你只打算买几支笔，但突然看到一个新奇独特的卡通笔袋，忍不住想要买，这时该怎么办呢？

或者你看到一种零食，也很想买来尝尝，该怎么办呢？

为了避免额外的不必要开销，你应该学会抵御诱惑。

购物时，选好要买的东西就赶紧离开，不要在货架前停留太久，否则你就可能会受到其他商品的诱惑。

赶紧走，不要被它们诱惑！

是"需要",还是"想要"？

乱花钱的后果

你平常会买一些没有太大用处的东西吗？比如一个玩具飞机，买回家玩了几次，就失去了兴趣。比如一个漂亮的发卡，只戴了几次，就觉得不喜欢了。买这些没有多大用处的东西，其实就是在乱花钱。

如果你养成了乱花钱的习惯，随着时间的流逝，消费水平越来越高，爸爸、妈妈的钱包就会变得越来越瘪，他们的压力也会越来越大。

不做购物狂

当今时代，商品种类数不胜数，为了促进销量，商家总是想方设法进行广告宣传。有的商品你可能并不需要，但是看到精彩的广告，便会被激发兴趣，最后可能一时冲动就购买了。等拿到商品后，才发现并不实用。

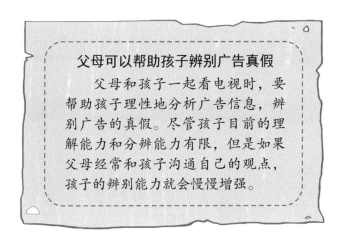

父母可以帮助孩子辨别广告真假

父母和孩子一起看电视时，要帮助孩子理性地分析广告信息，辨别广告的真假。尽管孩子目前的理解能力和分辨能力有限，但是如果父母经常和孩子沟通自己的观点，孩子的辨别能力就会慢慢增强。

如果你养成了喜欢购物的习惯，成为一个购物狂，看到商品就会有一种病态的占有欲，根本克制不住冲动，哪怕是对自己来说毫无用处或重复的商品，都会不假思索地买下来。

如果不买，心里就会不舒服，但往往买了之后又后悔，或变得焦虑不安，这样都是不可取的。

所以，你一定要学会控制自己，不做购物狂。

遵守24小时规则

想要控制自己不乱花钱，有一个好办法，那就是遵守 24 小时规则——当下定决心要购买某样物品时，将购买延迟整整 24 小时。

也就是说，在新东西没有到手前，先经历一整天的思想挑战。

在一天的时间里，你可以反复思考：这样东西对自己的价值到底有多高，能对自己的生活、学习起到什么好的作用。如果不买它，会有什么不好的后果。

24 小时过去后，如果你还是非常想买这样东西，那就买回家吧！如果 24 小时以后，你对这样东西已经不感兴趣了，或者发现它对自己并没有多大帮助时，就可以不买了，从而省下一笔开支。

很多时候，你买东西都是由于一时冲动。只要遵守 24 小时规则，就能有效控制自己，减少不必要的消费。

分清楚“需要”和“想要”

在你的意识里，世界上所有自己喜欢的东西，都是“想要”的。但是，你要明白的是：不是所有“想要”的都是你“需要”的。

出于“需要”而购买的物品，是理性消费；出于“想要”而购买的物品，则是冲动消费。

如果我们能控制住自己“想要就买”的想法，就能避免买回来之后才发现自己根本就不需要的情况发生。

"花小钱，办大事"

买东西前先比价

购物时，你是直接走进超市或便利店，选好后立刻付款吗？如果是这样，那就需要做出一点改变了，因为你需要学会比价，这很有可能帮你节省不少钱。

在买之前，先记下它的价格，然后去其他店里看一看，比较一下哪里更便宜。

当然，你还可以看看网上购物平台，有时候那些平台的价格更便宜。

在超市打折时去购物

现在很多超市和食品店，都会在晚上打折，有时甚至会半价销售。这些打折出售的东西，并不是质量没有保证，而是怕放到第二天会不新鲜，所以有时候我们可以把逛超市的时间改在晚上，也能省下不少钱。

每逢节假日，超市的许多商品都会打折促销，如果能抓住这个机会，多囤一些日常必需品，也能省钱，比如牙膏、洗发水、沐浴露等日常消耗品。

当然，囤货必须适当。因为商品都有保质期，一次性购买太多，有可能导致用不完而过期，那就得不偿失了。

这样做能够使我们学会精打细算！

收集优惠券

有些超市经常会发一些优惠信息单，许多优惠券就附在里面。如果收集到这些优惠券，可以把它们进行分类整理。比如，把食品类、服装类分别用小夹子夹在一起，方便取用。

少买零食，多去博物馆

平常周末或节假日，你喜欢出去玩吗？是去游乐场还是动物园呢？这些游玩的地方都会花不少钱吧？

告诉你，有一个很好的游玩场所，还基本不花钱，你想去吗？

没错，就是博物馆。

现在，很多城市都有免费的博物馆，去博物馆参观不仅可以省钱，还有助于扩大你的知识面。比如参观天文博物馆，你可以通过天文望远镜来观察星空，看到无数用肉眼根本无法捕捉的星星，能够更好地理解宇宙、星系、恒星等概念。

参观博物馆还可以激发灵感，培养专业兴趣。等你见多识广、眼界开阔了，思维自然也更活跃了。

不要追逐潮流

买东西要想省钱，就一定不能追逐潮流。潮流这种虚无缥缈的东西，总是来也匆匆、去也匆匆，而且价格昂贵。

比如一款流行的运动鞋、一顶流行的遮阳帽，受到很多人吹捧追随，你也很容易心动，好像拥有了它，就成了紧跟时尚的人，尽管它的使用价值和其他的产品没有什么区别。你以为自己抓住了潮流，其实这种审美都是商家为了卖货强加给你的。久而久之，钱花了不少，人也会失去审美。

电视广告会影响人们对商品的认知，并影响人们的消费行为。

如果不追逐潮流，就可以在某些商品打折时购买，既没有损失使用价值，又能少花钱，何乐而不为呢？

警惕消费陷阱

警惕充钱容易退钱难的充值活动

当你去理发，或者上课外兴趣培训班时，往往会被推销充值办卡，商家说这样能享受很大力度的优惠。如果你没有社会经验，很可能会上当。

虽然在短期内，你享受的服务很好，充值的优惠力度也很大，但是这种好的服务并不一定长久。当你充值以后，很可能就会发生服务质量下降的情况。到时候，你想要退钱，就难上加难了。

要注意，不管是什么充值型的消费，一次性充值金额不要过多，服务期限也不要过长。办理充值时，要关注其经营状况和信誉，尽量选择规模大、经营状况好的商家，还要清楚了解充值卡的使用范围、期限、退款条件等。

拒绝没用的卡牌

你买过卡牌吗？那些印着各种卡通图案的卡牌，深受小学生追捧。

卡牌的内容看似简单，仅以不同卡通人物的形象和所谓"攻击力""防守力"等数据的标注展示，却把许多小学生的零花钱掏光了。

为了获得极其少见的"稀有卡"，很多人持续购买少则数十元，多则上千元的卡包。这种集齐一种卡牌的小概率事件，反映的却是近似博彩的特殊规则，其目的显然就是从你的口袋里骗走钱而已。

你回头想一想，这些花花绿绿的卡牌能给你的生活带来什么呢？它既不能提高你的学习水平，也不能改变你的生活水平，不过是一张意义不大的纸片而已。

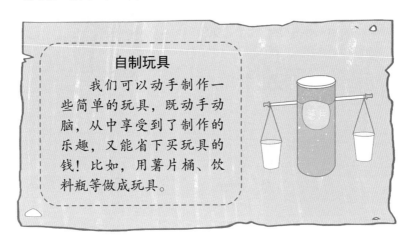

自制玩具

我们可以动手制作一些简单的玩具，既动手动脑，从中享受到了制作的乐趣，又能省下买玩具的钱！比如，用薯片桶、饮料瓶等做成玩具。

警惕"缺斤短两"

如果你的生活经验比较丰富，就会发现，有时候从路边摊买东西，比在超市或便利店便宜得多。这确实是一个省钱的办法，不过也要防止被骗。

比如买水果时，有些路边摊的价格虽然比较便宜，但是经常有"缺斤短两"的现象。还有玩具、文具或袜子、毛巾等，可能质量低劣，并不耐用。

所以，如果要买路边摊的东西，一定要多加注意，否则花了钱，却买回不满意的商品，就得不偿失了。

抽奖游戏不要玩

学校旁边有许多小商店，有的店里就有抽奖游戏，奖品是弹力球、红外线笔、陀螺等小学生喜欢的东西。流行的卡通形象、抽奖的刺激，这样的诱惑让许多人难以控制。短短几分钟，就可能花出几元到几十元不等的零花钱。

除了玩具抽奖，更受欢迎的还是现金抽奖，"百分之百中奖"的字样让人忍不住想要尝试一番。比如"砸金蛋"，1元砸一次，砸开可以获得1元或者5元的现金。"好玩"和"好胜心"总是让许多人不能自拔。

抽奖游戏其实就是赌博，是商家的套路，如果你沉迷其中，结果必然是被掏空口袋。

小小预算师

去旅游吧

你跟爸爸、妈妈出去旅游过吗？千万不要觉得旅游很无趣，童年时期的旅游，会让你拥有丰富的阅历和见识。拥有了全新看待事物的眼光和思考能力，这就是旅游的收获。

另外，在旅游过程中，你会遇到很多人和事，还能锻炼人际交往能力。

现在，假设你要和爸爸、妈妈一起去某个地方玩，试着做一次旅行预算吧！

交通费用

外出旅游，少不了乘坐交通工具，包括城市间的大额交通费和市内小额交通费，这部分开支有时要占到整个旅游预算的三分之一左右。

一般来说，人们都是选择乘坐飞机、火车去外地，费用开支是乘坐飞机高于乘坐火车。不过，有时候机票打折，价格反而会比火车票还便宜。所以，出发前订票时，应该比较机票和火车票的价格，在时间允许的情况下，建议选择便宜的交通工具，这样可以省下更多的钱用于游玩景点。

对了，不要忘记预订返程的机票或火车票哟！

往返的交通费用，你和爸爸、妈妈三个人，假设为4000元。

到了旅游的城市，市内交通最便利的方式是坐出租车，但是会比较昂贵，如果乘坐公交车或地铁，也可以节约一部分费用。市内交通费用可以预算为一天200元。

住宿费用

到了旅游地，有一件事情不得不考虑，那就是住宿。

不同等级的酒店，住宿费用也是不一样的，便宜的一天只需要一二百，贵的一天要五六百，甚至更高。

当你预订酒店时，也要"货比三家"，在条件差不多的情况下，选择便宜的酒店。住宿费用的预算，可以取一个中间数值，按 300 元一天做预算。

饮食费用

去旅游时，吃饭也是一大开支项目。

做预算时，要提前调查旅游地的消费水平，再分别计算早饭、午饭和晚饭需要多少钱。

一般情况下，早饭吃得少一些，但是旅游时每天运动量大，人比较疲劳，所以早饭一定要吃饱，还要有营养，可以每人预算 20 元。

午饭和晚饭一般都要多点几个菜，尝尝当地的特色美食，这些菜往往价格比较高，每顿饭可以按人均 100 元做预算。

另外，在景点游玩时，可能还要吃一些零食，喝一些饮料，这部分费用也要做出预算，可以估计为每天总共 100 元。

景点门票

　　景点的门票也是旅游中的一大开支，而且没有多大弹性，即使在网上买票也很少有优惠。不过大多数的景区，儿童都可以享受半价优惠。

　　门票的价格可以从网上查询，在出发前，可以先计划好要去哪几个景点，然后通过网上查询票价，全部记录下来，最后再计算出总额。

　　比如，一共要去 6 个景点，票价分别为 60、100、120、180、50、30 元，就可以计算出总价为 540 元。那么，爸爸、妈妈一共就需要 1080 元，你享受半价优惠，只需要 270 元。

购物花费

旅游时，人们都不可避免地会购买一些旅游纪念品或特产等。

购物可多可少，但是一定要有计划。比如，要给亲朋好友带纪念品，要先计算好一共要买多少份，每份预算多少钱。如果份数多，最好就不要买太贵重的，以免造成资金上的被动，进而影响其他正常旅游开支。

另外，购物太多，也会导致行李过重，增加回程的麻烦。

纪念品买得
太多了！

额外开支

在旅游途中，身在异地，难免遇到一些突发情况，所以还有必要做一些额外开支的预算。

比如，原本某个景点的门票预算是 120 元，进去后才知道，如果不坐缆车，就很难在一天内登顶并返回，这就额外增加了坐缆车的费用。

再如，游玩时不小心刮破了衣服，临时买了一件，这也增加了额外开支。

额外开支不必预算太多，按照每人 500 元计算即可。

到这里，你可以计划一下旅行的天数，然后预算出这趟旅游一共要花多少钱。

我能赚钱啦

你想赚钱吗？

你的爸爸、妈妈会按时给你零花钱吗？你在安排这些零花钱时，有没有时常觉得不够用？

现在，告诉你一个好办法，零花钱不够用，还可以自己赚。

不过，在向爸爸、妈妈提出赚零花钱的请求时，要先想好自己为什么想赚钱。

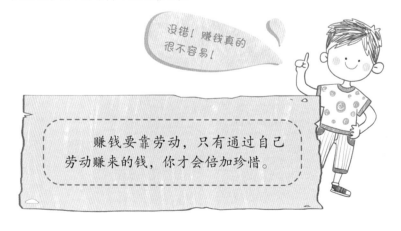

没错！赚钱真的很不容易！

赚钱要靠劳动，只有通过自己劳动赚来的钱，你才会倍加珍惜。

赚钱的方法

赚钱的方法有很多，最容易的就是替爸爸、妈妈干家务活。如果家里有弟弟、妹妹，你可以向爸爸、妈妈申请负责照看，以此来赚取一些零花钱。当然，前提是你需要向爸爸、妈妈展示出你的能力，让他们相信你可以做到这件事。

你家里有宠物吗？爸爸、妈妈可能每天都要照顾宠物，给它们喂食，带出去散步，为它们洗澡、梳理皮毛，任务很繁重。如果你能把这个任务接下来，相信他们也是非常乐意的。

我是洗车工

需要物品

一个脸盆

一条毛巾

一瓶洗车液

游戏过程

用脸盆从家里接水，用毛巾和洗车液替爸爸、妈妈洗车。不管是自行车、电动车还是轿车，都可以帮忙清洗。

洗完车后，可以向爸爸、妈妈收费。

游戏意义

在劳动中获得成就感，培养做事严谨的认真态度和习惯。

"助人"即"助己"

分享是一种美德

你听说过"孔融让梨"的故事吗？孔融把大一点的梨让给别人吃，自己只吃小梨，因为他懂得谦让，能与他人分享，这是中国的一种传统美德。

你学习了这么多与钱有关的知识后，对钱的价值、赚钱的不容易都有了深入了解，想必不会随便乱花钱了，但是却可能会变得吝啬，也就是舍不得花钱，舍不得将自己的零食、玩具等分享给他人。

分享得越多，收获得越多

有人总认为自己拥有的一切都是自己努力得来的，凭什么与别人分享呢？与别人又有什么关系呢？所以选择独享一切。真的是这样吗？

动画片《人猿泰山》中，泰山为什么被推举为森林之王呢？

大象、狮子、老虎的力量都比他大，连猴子也比他灵活。他能在森林里称王，靠的就是与他人分享。他和每种动物都交朋友，关心、照顾它们，所以动物们都喜欢他。当泰山有事情时，只要大叫一声，动物们都会跑来帮助他。所以说，只要你学会与人分享，就能获得更多人的帮助和支持，成功的机会也就越大。

正确的分享

　　每个人天生的性格都不同，有的人文静内向，而有的人则活泼外向，喜欢被关注，喜欢把玩具借给别人玩，就算玩坏了也从来不心疼。

　　做一个爱分享的人是没问题的，但不能无限度地大方。一般的玩具、零食，在自愿的前提下，可以跟小伙伴分享。但是平板电脑、衣服、贵重的玩具等，就需要征求父母的意见，才能决定是否分享。

　　对于某些自己非常看重的东西，你完全拥有不分享的权利。当你面对对方分享的要求，甚至抢夺时，要勇敢地说"不"。请记住：分享的前提是你愿意，并从中得到快乐。

爱心捐赠，正能量满满

越来越多的事例表明，慷慨大方的人往往更快乐，也拥有更健康的人际关系，所以你可以学习如何适当捐赠物品、钱财，这不仅事关将来你的财务状况，也会对你的身心健康产生正面影响。

翻一翻你的衣柜、书柜、玩具箱，你一定能找出很多自己已经用不到的东西，例如衣服、玩具、图书等，把它们捐赠给慈善机构，既可以给别人带来快乐，同时自己也会因为帮助了他人而获得幸福感。

当你在商场或其他地方看到募捐箱时，也可以捐献一些零用钱。少一点零用钱不会对你的生活造成影响，可很多人捐献的零钱汇聚在一起，就能帮到很多贫困山区的孩子。你帮助了他人，对社会有所贡献，是不是感到很快乐呢？

学做慈善

做慈善不一定要很有钱

你听说过一些富翁捐款做慈善的新闻吗？他们大多非常大方，一出手就是几十万甚至上百万的捐款。

有人说："我将来就想做一名慈善家，因为慈善家先得自己很有钱，才能捐钱。"其实，这是对慈善的一种误解。做慈善未必需要自己很有钱。比如，有位捡废品的老人，长年将卖废品所得的钱捐献给慈善机构。他并不是富翁，却依然是深受社会敬重的慈善家。

从帮助他人开始

除了捐出零花钱、压岁钱、衣服、玩具等，你还有很多助人为乐的方式。

比如，当你看到一位老爷爷步履蹒跚地上楼梯时，可以主动去搀扶他，让他安全到家。

当你知道有一位邻居老奶奶独自居住、生活困难时，可以为她送去一些水果，或者帮她取快递、打扫卫生，甚至是帮她把垃圾扔到楼下垃圾桶。这都是在助人为乐。

敬老院里住着很多爷爷、奶奶，他们平常生活枯燥，如果你和小伙伴们去为他们表演精彩的节目，他们会被你们甜美的歌声和真诚的笑容感动，从而感受到社会的温暖。

当你外出游玩，或者在小区附近散步时，可以带上一个塑料袋，把看到的垃圾都捡起来，然后放到垃圾桶里。这样的小事美化了环境，也是助人为乐。

当然，如果你不知道该做什么，或害怕助人为乐时被人误解，还可以去社区居委会询问，他们往往需要很多志愿者。要是你主动报名做一名志愿者，帮助他们做一些为人民服务的事情，他们一定会非常高兴。